好好吃饭

好好吃饭

自笑平生为口忙，老来事业转荒唐。
长江绕郭知鱼美，好竹连山觉笋香。

《好好吃饭》编辑部 编

中国旅游出版社

项目策划：王欣艳
责任编辑：张　璐
责任印制：孙颖慧
书籍设计：燃点文化

图书在版编目（CIP）数据

好好吃饭 / 《好好吃饭》编辑部编 . -- 北京 : 中国旅游出版社 , 2022.3
ISBN 978-7-5032-6895-3

Ⅰ . ①好… Ⅱ . ①好… Ⅲ . ①饮食－文化－中国－通俗读物 Ⅳ . ① TS971.2-49

中国版本图书馆 CIP 数据核字 (2022) 第 002282 号

书　　名　好好吃饭

作　　者　《好好吃饭》编辑部 编
出版发行　中国旅游出版社
　　　　　（北京静安东里 6 号 邮编：100028）
　　　　　网址：http://www.cttp.net.cn E-mail:cttp@mct.gov.cn
　　　　　营销中心电话：010-57377108，010-57377109
　　　　　读者服务部电话：010-57377151
排　　版　燃点文化
印　　刷　北京工商事务印刷有限公司
经　　销　全国各地新华书店
版　　次　2022 年 3 月第 1 版　2022 年 3 月第 1 次印刷
开　　本　787 毫米 ×1092 毫米 1/32
印　　张　6
字　　数　20 千
定　　价　58.00 元
I S B N　978-7-5032-6895-3

忆荔枝

唐·薛涛

传闻象郡隔南荒，
绛实丰肌不可忘。
近有青衣连楚水，
素浆还得类琼浆。

荔枝是文人墨客喜爱的对象，有相当丰富的古代典故和文人逸事与荔枝相关。荔枝产于岭南，中土文人所得荔枝多为朝廷贡品，属于十分名贵的水果品类，非一般人可以享用。在今天，荔枝早已『走入寻常百姓家』，便捷的交通和商品经济的繁荣，使我们即使远离岭南，也可以吃上新鲜的岭南荔枝。

南歌子·谢送菊花糕

南宋·王迈

家里逢重九，新篘熟浊醪。
弟兄乘兴共登高。
右手茱杯、左手笑持螯。
官里逢重九，归心切大刀。
美人痛饮读离骚。
因感秋英、饷我菊花糕。

菊花糕就是重阳糕，多以米粉、果实等为原料，糕上插五色小彩旗，夹馅印花，是宋代非常有特色的节令食品，花色繁多、品种丰富，取『糕』与『高』同音，求吉利之意。

记张定叟煮笋经

南宋·杨万里

江西猫笋未出尖，雪中土膏养新甜。
先生别得煮箦法，丁宁勿用醯与盐。
岩下清泉须旋汲，熬出霜根生蜜汁。
寒芽嚼作冰片声，余沥仍和月光吸。
菘羔楮鸡浪得名，不如来参玉板僧。
醉里何须酒解醒，此羹一碗爽然醒。
大都煮菜皆如此，淡处当知有真味。
先生此法未要传，为公作经藏名山。

宋人将笋与竹的高洁和自身的品行相联系，因而在宋代食笋不仅是为了享受美食，也是彰显自身高风亮节的方式之一。北宋高僧赞宁的《笋谱》，是中国最早的一部竹笋专书，其中收罗了近百种笋，可谓蔚为大观。猫头笋是当时笋中名品，清甜脆美，享誉当世。

樱桃煎

南宋·杨万里

含桃丹更圆，轻质触必碎。
外看千粒珠，中藏半泓水。
何人弄好手，万颗捣虚脆。
印成花钿薄，染作冰澌紫。
北果非不多，此味良独美。

樱桃煎是由樱桃制成的蜜饯类制品，由于樱桃本身略带酸味，经过蜜煎，既保留了樱桃的鲜嫩美味，又大大增加了甜度。宋人喜欢食用蜜及蜜制品，因此蜜制果脯品种繁多、花样丰富。除了常见的甜味蜜饯，还有『咸酸蜜煎』。

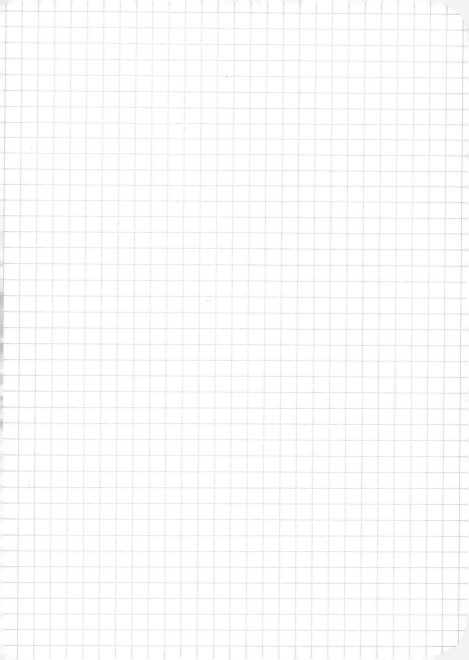

邵考功遗鲚鱼及鲚酱

北宋·梅尧臣

已见杨花扑扑飞，
鲚鱼江上正鲜肥。
早知甘美胜羊酪，
错把莼羹定是非。

鲚鱼又名刀鱼、凤尾鱼，银光闪闪，骨嫩鳞细，肉质肥美。用鲚鱼做的酱，加入了干姜、橘皮去腥，通过发酵增加了风味，同时保留了鲚鱼的鲜美。用鱼虾做的酱，深受水泽地带人们的喜爱。不过从健康角度考虑，食用发酵腌制类食品，以适量为宜。

游庐山得蟹

南宋·徐似道

不到庐山辜负目，不食螃蟹辜负腹。
亦知二者古难并，到得九江吾事足。
庐山偃蹇坐吾前，螃蟹郭索来酒边。
持螯把酒与山对，世无此乐三百年。
时人爱画陶靖节，菊绕东篱手亲折。
何如更画我持螯，共对庐山作三绝。

宋人对蟹十分关注和喜爱，常在诗词中用『郭索君』『无肠公子』等称谓来调侃蟹。宋代关于蟹的专门著述比较丰富，有《蟹谱》《蟹略》《蟹图》等。由于宋代的蟹价格非常低廉，食蟹盛行于各阶层，且食用方式多样，最有名的当属颇有历史渊源的持螯饮酒。

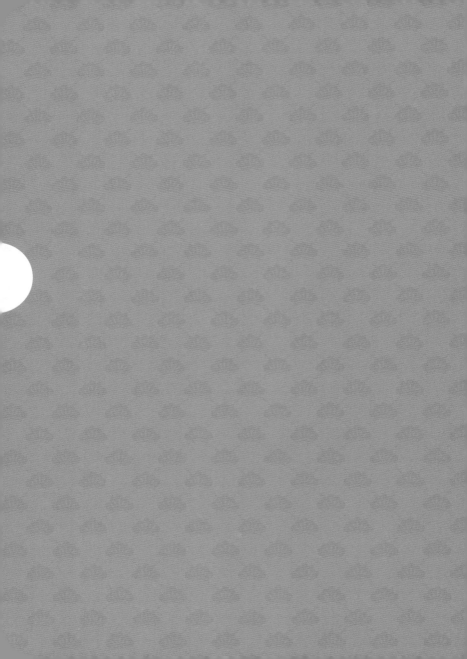

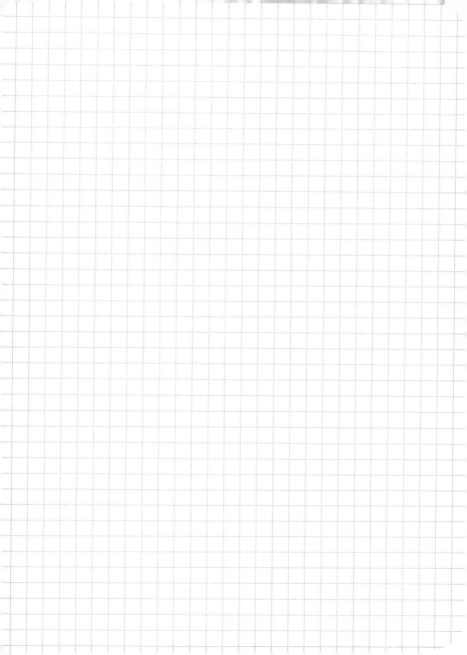